给孩子的反脆弱指南

A guidebook for children
——how to be antifragile

42工作室 主编

方宣尹 撰文

42工作室 绘画

山东教育出版社
·济南·

图书在版编目（CIP）数据

给孩子的反脆弱指南 / 42工作室主编；方宣尹撰文；
42工作室绘画. -- 济南：山东教育出版社，2024.12.
（2025.1重印）
ISBN 978-7-5701-3442-7

Ⅰ．B84-49

中国国家版本馆 CIP 数据核字第 2024Z4Y614 号

责任编辑：王柏林
责任校对：付羽
装帧设计：42 工作室

GEI HAIZI DE FAN CUIRUO ZHINAN

给孩子的反脆弱指南

主管单位：山东出版传媒股份有限公司
出版发行：山东教育出版社
　　　　　地址：济南市市中区二环南路 2066 号 4 区 1 号　　邮编：250003
　　　　　电话：（0531）82092660　　网址：www.sjs.com.cn
印　　刷：山东华立印务有限公司
版　　次：2024 年 12 月第 1 版
印　　次：2025 年 1 月第 2 次印刷
开　　本：710mm×1000mm　1/16
印　　张：8.5
字　　数：55 千
定　　价：49.00 元

（如印装质量有问题，请与印刷厂联系调换）印厂电话：0531-78860566

前言

畅销书《黑天鹅》的作者塔勒布曾说过："万事万物对外呈现三种状态：脆弱态、强韧态、反脆弱态。"我们可以把这三种状态用水晶球、铁球和乒乓球作比喻：

一个水晶球掉在地上很容易摔碎，它是脆弱的；

一个铁球掉在地上完好无损，它是强韧的；

一个乒乓球看似弱小，掷在地上却能靠外力的冲击反弹，这正是反脆弱的体现。

一个内心有力量、眼里有光的孩子，将来无论经历什么，都不会被轻易打败。成长是一场冒险，孩子能否勇敢地面对成长中的"不确定性"，这就要看他是否拥有反脆弱能力。反脆弱能力，顾名思义，就是孩子在面对困难、挫折和压力等情况时，不但不会受到伤害，反而能够从中受益、成长和变得强大的一种能力。

本书取材于现实生活，针对孩子与同学、老师、父母、朋友相处时面临的诸多问题，提供实用的应对策略。助力孩子们在"试错"中成长，培养迎接未来挑战的反脆弱能力。

反脆弱能力，不仅是成长的馈赠，更是在复杂多变的世界中站稳脚跟的法宝。希望今后孩子们在面对生活的种种困难和挑战时，能保持积极向上的心态，以昂扬的姿态拥抱每一个挑战。

目录

课间，琳琳要玩一个新游戏"谁是小偷"。我还没听明白游戏规则，就被强行拉着玩儿，结果被大家一通数落。

我们还没"指控"呢，你怎么就亮牌了。

你发言的时候别磕巴，不然会误导我们的。

都怪你，你一直不吭声，害得我们都投错了。

我该怎么办？

脆弱做法：

他们说得没错，我好笨啊。

我一个人默默地坐在座位上，假装在抄抄写写，其实心里特别不好受。这么简单的游戏，我都学不会。以后大家再玩游戏肯定都不叫我了。

🛡️❤️ 反脆弱做法：

我还没搞懂游戏规则，你们先玩，我在旁边学习一下。

承认自己反应有点慢，但绝不是笨头笨脑。因为是第一次接触这个游戏，大胆地对同学说："我只是不熟练，多玩几次就没问题了。"

如果你真心喜欢这个游戏，也可以跟同样感兴趣但不太会玩的同学组成一队，大家一起摸索经验，共同进步。

🧭 行动指南：

面对强势的人，弱势的人可能会自卑，并感到害羞、不安、内疚等。但事实上，你虽然不强大，但绝对不脆弱。不要过度内耗，事过就翻篇，从错误中吸取教训，适时调整自己的行为，下一次争取把事情做得更好。

1 培养钝感思维

面对同学的嘲笑和质疑，别急着自证或反驳，把握好自己的节奏，不要被别人扰乱。

2 忘掉不愉快

远离让自己产生负面情绪的人或事，减少不必要的精神负担。将精力放在提高自身的能力上，充实自我，强大内心。

3 学会拒绝

拒绝别人时表达要明确，语言要简洁有力。语气上也要不卑不亢，不要觉得害怕或者不好意思。

4 不过度思虑

唱歌时跑调，演讲时忘词，被朋友拒绝……你认为会被嘲笑一辈子的事，别人可能转眼就忘记了。比起止步不前，我们更需要的是勇敢前行。

5 坚持自己选择的路

尝试去做一件自己一直想做却不敢挑战的事，并记录自己的感受。你会发现，这件事情没有我们想象中的那么难。

回音壁：

被人贴上"脆弱"的标签后，我们就会出于本能的情绪低落，这是正常的。"尺有所短，寸有所长。"别人用他的长处，和你的短处比，就好比一条鱼和一只鸟比游泳一样滑稽可笑。聪明的鸟儿会问："我为什么要学游泳？我又不用待在水里。"

大部分人都是普通人，要多磨砺自己，用放大镜看自己的优点，也要正视自己的缺点。坦然面对自己的不完美，本身就是一种自信。

友谊的"小船"，该翻就翻

老是被"安排"，可很多事情不是我自愿的。

你帮我们把作业打印一下。

厕所这么脏，是谁又没冲水？莉莉，你快过来冲水！

莉莉，你的新铅笔真好看，我好喜欢。送给我吧！

我好委屈，但不知道怎么开口拒绝她们的要求……

脆弱做法：

朋友总让我做一些我不愿意做的事，但我不敢拒绝……

跟朋友在一起时，我总感觉自己就是陪衬她们的"绿叶"。我不想总听她们使唤，可又怕她们以后不带我玩儿了。热情助人的我，为此越来越闷闷不乐。

 反脆弱做法：

我有自己的原则，不会一味地忍让。

同学又想拿走我新买的铅笔，我从她的手中拿回铅笔，并坚定地说："不行！"强势者本就理亏，保守住自己的底线，他们就不会对我有恃无恐了。

> 把你的新铅笔作为生日礼物送给我吧！

> 不行！

行动指南：

美国心理学家卡伦霍尼曾说过："讨好型人格的人对温情和赞赏有着极度的需求。他们过于在意他人的评价，渴望得到他人的认可与爱，所以往往用无底线的付出，来追寻自己想得到的结果。"

不要为了友谊而无底线地付出。一旦发现这种苗头，要及时从这段关系中抽离出来。

1 判断是否是真正的友谊

和这个朋友相处，是让你感到愉快，还是压抑？

以朋友的身份打压你，强迫你做不想做的事，让你倍感压力和压抑，这不是真正的朋友。

② 不良关系当断则断

树立正确的"交友观"。不是所有的果实都是甜的，不是所有人都把你当朋友。保护好自己，提高辨别能力，远离令你感到不舒服的人，才能交到真正的朋友。

③ 委婉地说"不"

把问题抛给对方，用委婉的方式拒绝。你可以说："我也好喜欢你新买的发卡，我们交换一下吧。"

④ 使用"拖延法"

遇到一些不好意思直接拒绝的事情时，不妨采用借故拖延的办法，比如："我考虑一下"或者"我再想想"，也可以找别人当挡箭牌。

5 给不合理的要求"降降温"

当你对别人的要求感到气愤时，不要发火，先让自己冷静下来。你可以说："我得想一想再答复你。"

回音壁：

真正的友谊是一种双向的情感，要由双方共同培养和维系。

友谊不是一味地取悦对方。友谊的"小船"，该翻就翻，不要犹豫。为了帮助他人牺牲自己，让自己失去自由和空间，不是一件好事。

去做！
别担心未发生的事情

比赛前一晚，我紧张得失眠了……

隔壁学校有个象棋高手，特别擅长"车炮抽杀"。

你上次比赛被"虐"了，这次可一定要拿回名次啊。

咱学校这次就靠你们一雪前耻了！

我只想打"退堂鼓"……

脆弱做法：

万一输掉比赛，我该怎么办啊！

心理学家把这种为了达到目的患得患失的心态叫作"瓦伦达心态"。瓦伦达是美国著名的高空走钢丝表演者，他在一次重要的表演中不幸失足身亡。事后他的妻子总结事故的原因是瓦伦达太想成功，没有专注于事情的本身而患得患失。期盼越大，压力越大。这次的象棋比赛我太过紧张，果然没拿到好名次。

反脆弱做法：

对手也都是普通人，我能代表学校参赛也很厉害啊。

在比赛时，心理因素对比赛结果起着很大的作用。赛前我只要专注于提升自身技能，专心练习，或者做自己喜欢做的事情放松一下，相信我一定会取得好成绩的。

行动指南：

不要总为尚未发生的事情担忧、恐惧，更不要遇到问题就先设想最坏的结果。努力尝试以下的方法，相信一切会变好。

1 视为挑战而非威胁

如果我们把眼前的比赛当作一种无法超越的障碍，那么它就会成为我们前进路上的绊脚石；但如果我们把比赛视为挑战，视为提升自己的机会，那么它就会成为我们通向成功的垫脚石。

2 调整期望值

　　根据自己平时的成绩，确定合适的期望值。期望值过高，会加重我们的心理负担，产生自我怀疑、忧虑甚至恐惧等心理。从实际出发，排除外源性干扰，把自己有把握实现的目标作为自己努力的方向。

3 学会倾诉

　　向身边的家人或朋友倾诉你的压力，相信他们对你的理解和支持会减轻你的心理负担。敞开心扉说出焦虑，也有助于释放压力，放松心情。

4 小试牛刀

　　通过参加小型比赛，增强赛前"免疫力"。前几天，班里举办了"口算小达人"的比赛。选拔赛的时候，我特别紧张，经历了初赛、复赛，到决赛的时候我的心理素质提高了不少！

5 适时为自己"清零"

无论成绩如何，赛后及时将结果"清零"。胜不骄，败不馁，不要因为成绩的好坏过度影响心情。

回音壁：

根据耶克斯－多德森定律，人们做事的效率和压力的关系呈倒 U 型曲线。也就是说，人在适度的压力下效率最高，过高或过低的压力都会导致效率下降。因此别担心未发生的事情，也别为已发生的事感到焦虑，专注当下，才能向自己期待中的样子慢慢靠近。

高 ↑ 效率 ↓ 低

低 ← 压力 → 高

被同学拒绝了？这很正常

学校社团开展了户外主题摄影采风活动——"用镜头寻找春天"

你没有专业的相机，拍出来的照片肯定不好看，这次你别参加了。

我们就定这个周末吧，一起商量一下去哪里拍照。

💔🧸 **脆弱做法：**

因为相机不够专业，我失去了参与活动的机会，回家我得让爸爸给我买一个专业相机！

学校社团难得组织的摄影活动，因为我的相机不够专业，同学们拒绝了我，我感觉自己被大家孤立了。

我们要选一些好的作品参加比赛，一定得找有专业设备的！

我叔叔是摄影师，还是摄影协会的呢，我叫他一起来。

反脆弱做法：

我相信自己的摄影能力，没有专业的相机，我也可以拍摄出好的作品。

我平常喜欢摄影，掌握了很多的技巧，用爸爸的旧相机也能拍出来很好的照片，肯定会有很多同学喜欢我的作品。

行动指南：

对于很多人来说，被拒绝是一件再正常不过的事情。

研究发现，被拒绝其实并不总是那么糟糕。那么，在被拒绝后，该怎么办呢？

1 不要过度自我苛责

过度苛责自己，会给心理造成严重的负面影响。已经"被拒绝"了，再给自己来个"自我批评"，岂不是"雪上加霜"，让自己陷入更深的困境？

2 别太把拒绝放在心上

许多人都有着相似的被拒经历，这很正常。许多人因一次被拒绝就给自己下一个定论，认为自己一无是处，甚至因此否定自己的社交能力，这是不对的。

3 拒绝是生活中自然的一部分

事实上，别人的拒绝只是否定这件事，并不是否定你这个人。正如你有时也不想把心爱的玩具送给小伙伴，这不是因为你讨厌对方。

4 在被拒绝中学习和成长

如果被熟悉的人拒绝，觉得没面子，那不妨尝试从和陌生人交往中入手。比如找机会参加社会实践，帮发广告宣传单或者推销一些小东西，被拒绝的概率可是不小的。在被拒绝中锻炼和成长，久而久之就能"脱敏"了。

5 无法改变的事就放下

搞清楚什么原因导致自己被拒绝。如果有些事情无法改变，那么就向前看。这个活动参加不了，就试着参与别的活动。学校活动很多，完全没必要把注意力"聚焦"在一件事上。

回音壁：

被人拒绝后，有的人会倾向于向内归因，把被拒绝的经历和自我认同联系起来；另一部分人则认为，被拒绝这件事和自己的关系并不大，倾向于从外部归因。遇事要拿得起放得下，才能活得更加轻松自如。

勇敢对不喜欢的活动说"不"

动漫卡片成了班里最流行的东西，也是同学们课间休息的"社交货币"。

这可是稀有卡！

我再攒攒钱，就可以整盒买了。

太令人羡慕了！

不玩的话，会被认为是"落伍"。

脆弱做法：

虽然我不喜欢动漫卡片，但是大家都在玩。我要省下午饭钱买卡！

为了融入"集体"，我的压岁钱都用完了。只能通过帮同学打水、抄作业或者背书包等换取一些卡片。令我苦恼的是，我并不觉得动漫卡片多么有意思啊。

❤️ 反脆弱做法：

不感兴趣的事我不参与。

前阵子班里流行抽"盲盒"，现在又流行买动漫卡片。有一次我居然抽到一张稀有卡，大家都羡慕我。可是，我的零花钱为数不多了，凡事都要适可而止和量力而为。适当地娱乐是可以的，但我相信，和获得稀有卡比起来，考第一名会更让大家羡慕。

🧭 行动指南：

近年来，动漫卡片成为许多孩子的"社交密码"。但出于从众心理的迎合别人，往往会导致不健康的人际关系，严重的话可能导致自我价值和尊严的缺失。

一些综艺节目在后期制作时，会人为加入笑声，引导观众跟着一起笑。无论节目效果如何，观众都会不自觉地跟着笑，这就是环境对人们产生的影响。因此，对于新流行的事物，我们需要敏锐地观察，主动地判断，做出自己的选择，摆脱盲目的从众心理。

1 远离让自己不舒服的圈子

朋友不是越多越好，"圈子不同，不必强融"，盲目地讨好别人只会令自己无限内耗。

2 避免被洗脑

消极的从众心态，会扼杀人的独立意识和判别能力，让人变得墨守成规，失去主见，也很容易陷入"被洗脑"的境地中。相反，积极的从众心态会让你快速融入感兴趣的圈子，接近想接近的人或事，在这个过程中主动学习，不断扩大自己的视野，逐渐成为想成为的人！

3 敢于做自己，链接高能量

当你的内核变得稳定时，就不容易随波逐流。因此，不要急于求得他人认可，要先学会肯定自己。

写成功日记是一个培养自信的好方法，通过每天记下自己取得的进步，强化正向反馈。在日积月累中，你会变得越来越自信。

4 做自己喜欢且有价值的事

　　每个人都有自己的生活方式，别人的生活方式不一定适合你。要有自己独立的思考，当和别人有分歧时，告诉自己：我不被别人定义。

5 寻找共鸣

　　与拥有类似价值观和兴趣的人做朋友，从内心审视自己的需求，做喜欢的事情，不要强迫自己。

回音壁：

　　大家都在做的事情不一定是对的，真理有时候掌握在少数人手中。盲目从众不可取，遇到事情别急着往前冲，要向前看、抬头跑。成长，就是我们获得独立思考并为自己做出选择的能力。避免盲从，每个人都有独属自己的轨道。

向进步快的同学 学习

期中考试成绩出来了，大家都满心期待……

太好了，我这次的排名进步了。

英语也不难嘛，靠考前突击，我这次超常发挥。

功夫不负有心人，我平时利用碎片化时间学习，这次成绩果真提升了。

努力了这么久只前进了一名，我擅长的作文也没发挥好。

🧸💔 脆弱做法：

我就是比别人笨，付出了这么多努力，成绩也没有进步。

别的同学稍微努力一点，成绩就能进步，我的成绩入学时就是中等，努力了这么久，成绩还在原地踏步。看来，我以后肯定考不上重点高中了。

🛡️❤️ 反脆弱做法：

成绩不理想一定有原因，我再想想办法。

这次考试，我的作文拖了后腿，但数学考得还不错。朋友这次进步很大，一定有好方法，我向她多请教学习方法，说不定她的办法对我也管用呢。

🧭 行动指南：

理想的成绩是我们努力的见证，的确令人高兴。但如果成绩不理想，也不要气馁。

正确地归纳原因，才能开启"迎头赶上"的第一步。

1 调整自己的心态

为同学的进步高兴的同时，虚心向别人请教。先肯定别人，再正视自己，用积极的心态面对，将挫折视为成长的机会。

2 理性分析原因，不要闭门造车

虚心向老师、同学请教，仔细分析导致成绩不理想的原因。同学之间也可以互相分享学习经验，共同进步。

3 制订切实可行的学习计划

围绕学习目标，制订详细的学习计划，包括每天的学习任务、时间安排和复习重点。不要好高骛远，要求切实可行。严格按照计划执行，保持自律，同时根据实际情况灵活调整计划。

4 找"学习搭子"，互帮互助

根据自己的情况，与有相同目标的同学组成"学习搭子"。学习上相互监督、鼓励，共同进步。

5 持之以恒，反思总结

学习方法不当、时间管理不善或者知识掌握不牢固，都有可能导致成绩不理想。定期回顾学习过程和成果，反思总结经验教训，不断优化学习方法和策略。

回音壁：

人都有比较之心，付出了努力却没有回报，产生心理上的失衡是正常的。

真正内心强大的人面对比自己优秀的人时，也能保持平和的心态和心境，并主动向对方学习《论语》中的"见贤思齐"就是这个道理。

受到欺负，要勇敢反抗

今天又会发生什么"意想不到"的事……

> 这篮球手感真不赖，我拿走了！

脆弱做法：

算了，忍忍就过去了。

妈妈刚给我买的篮球被高年级的同学抢走了，我怕父母责怪不敢回家。我不敢反抗他们，只能躲起来偷偷地哭。

反脆弱做法：

面对校园欺凌，要保护好自己，并尽快找机会寻求老师、父母的帮助。

保护自己不受伤害的同时，要制止欺凌继续发展。

我的"秘制"特饮很不错哦，你尝尝味道。

后天我过生日，你别忘了买礼物。

行动指南：

　　校园欺凌是指发生在校园内的、个体间的恶意攻击行为，包括言语侮辱、身体伤害、社交隔离等多种形式。这种行为会对受害者的身心健康造成长期且严重的伤害，让受害者产生自卑、焦虑、抑郁等情绪，甚至自杀倾向。

　　一味忍让，只会让身边的恶行、恶人越来越多，造成的伤害也会越来越大。绝对不能忽略和漠视校园欺凌，要寻找合适的时机和方式解决处理。

1 不要"硬碰硬"

万一遭遇了校园欺凌，要保持冷静。可以采取迂回战术，尽可能拖延时间。寻找安全的逃脱路线，必要时大声呼救。

2 学会智斗

如果不能及时离开，可以尝试转移欺凌者的注意力。你可以说"班主任过来了""我刚给家里打了电话""我爸爸马上就到"，等等。分散欺凌者的注意力，使他们主动放弃自己的恶意行为。

3 找值得信赖的人倾诉和寻求帮助

如果感到不安全或遇到无法控制的情况，立即向身边的人或老师、家长寻求帮助。

4 提高社交技能

在学校积极参加活动、多结交朋友，万一遇到困难，我们也不会感到孤立无援。

5 及时记录，避免遗忘

受到欺凌不要自责，这不是你的错。记录下欺凌发生的时间、地点、涉及的人员并及时交给老师，可以帮助学校或者执法机关更好地了解情况。

回音壁：

被欺凌者身体、心灵和精神上受到的伤害，有时并不会随着时间的推移而被彻底忘却，可能给被欺凌者留下一辈子的阴影。

抵制校园欺凌，需要学校、家长、社会的共同努力。三方共筑防欺凌屏障，为孩子们营造一个健康和平的成长环境。

拒绝绰号，不要沉默不语

同学们都习惯了叫我绰号，我的名字好像被人遗忘了……

你这么高这么壮，还那么黑，好像《水浒传》里面的"黑旋风"李逵啊！

要不我们以后都叫他"李逵"吧，真的太符合他的形象了！

"黑旋风"李逵虽然脸有些黑，但侠肝义胆，浑身充满正气。以后如果有人在学校欺负我们，你可要保护我们啊。

大家都叫我"黑旋风"，我好讨厌这个绰号！

🧸💔 脆弱做法：

算了，没必要为了一个绰号跟大家闹别扭。

因为被起绰号生气，我是不是太小气了？我想不理他们了，但又怕失去仅有的几个朋友，好纠结……

🛡️❤️ 反脆弱做法：

我不喜欢你们起的绰号，请叫我的名字！

面对不喜欢的绰号，要早点说出来，沉默不语，内心的抵触情绪并不会消失。这些不满情绪积累到一定阶段，可能会在某个节点爆发，继而导致矛盾升级，甚至走到不可收拾的地步。

🧭 行动指南：

相信很多人都有这样的经历，出于各种各样的原因，被别人起了绰号。有的绰号，表达了喜爱、赞赏之情；有的却有讽刺的意味，让人难堪。面对绰号，不同性格的人会有不同的反应，有的人会排斥、厌恶、感到羞耻，有的人可能会感到亲切，还有些人则无动于衷。如果是前者，我们就需要正视自己内心的情绪，拿出积极的方式处理好它。

1 平复心情，冷静面对

如果对方并没有恶意，就没必要太在意；但如果是恶意的，先克制好自己的情绪别发怒。因为对方的目的是惹怒你，不如先采取冷处理。

2 学会勇敢拒绝

不喜欢的事，要大胆并且直接告诉对方。不要害怕会失去朋友，靠委曲求全维持的友谊，并不是真正的友谊。如果实在处理不好，可以告诉老师和家长，寻求他们的帮助。

3 变悲愤为力量

与其为刺耳的绰号和缺点耿耿于怀，不如奋起直追。比如，因为成绩不理想被别人嘲笑，可以下决心好好努力，用成绩去反驳对方。

4 用积极的心态看待问题

以一颗乐观的心去看待生活中发生的一切，用幽默巧妙地化解尴尬。用高情商的话化解一触即发的冲突，也不失为一种方法。

5 自我鼓励

演员史泰龙曾被影视公司拒绝上千次，运动员乔丹曾在学校篮球队落选，舞王迈克尔·杰克逊因肤色受到不公平对待……优秀的人也有曾经被低估和打击的时候。

所以，不妨把眼光放长远一些。

回音壁：

叔本华说过："人性有一个最特别的弱点，就是在意别人如何看待自己。"有些人在被取了难听的、有侮辱性的外号后，总认为是自己不够优秀，产生自我否定的心理。其实，绰号并不能代表所有人对自己的评价，也不该影响自我判断。要学会安慰自己，辩证地看待别人的观点，保护自己不要受到伤害。

在反思中成长

我强调很多次实验步骤了，有的同学还是不注意观察。

你肯定是忘了关键的一步，也太粗心了。

脆弱做法：

为什么失败的总是我，我以后再也不做实验了。

老师在课上做的各种实验，看着挺有意思。但我从小动手能力就弱，肯定做不好，我看看就行了。

反脆弱做法：

多总结失败的原因，在探究中前进。

出现问题才有机会寻找原因，这让我的基础更扎实，学习就像密室闯关，每一关都有惊喜。成功的感觉，太爽了！

每次跟你组队做实验，都要做好失败的准备。

对不起，我不是故意拖大家后腿的。

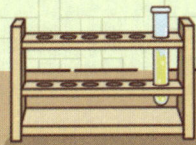

行动指南：

　　每个人都害怕失败，但是，没有失败，哪来的成功？失败并不可怕，可怕的是我们不敢面对。只有坦然面对失败，才能获得质的提升。

1 **沮丧和不作为，
只会让情况更糟糕**

　　从失败之中找到不足之
处，有针对性地改进，才能比
之前更进一步。

2 **不要过于重视结果**

　　有些人把失败看作一种耻辱，但事
实上，一次失败不过是成功的垫脚石而
已。

3 **失败未必是坏事**

　　科学家做实验时也会经历
几十次、几百次甚至是上千次
的失败，最终获得成功。

4 在反思中寻找突破口

失败只是没有完成计划中的目标。导致实验失败的原因，可能是实验前准备不足、操作不当或者反应条件不合适。回忆每一个步骤，不放过任何一个细节，才能从中寻找到突破口。

5 提前规划，做好准备工作

可以先把实验的具体流程写下来，包括所需的试剂、仪器设备、操作顺序等，规划好步骤，最大限度地避免实验过程中错误的发生。

回音壁：

失败只是我们走向成功的垫脚石，要把失败当成一次尝试。只要我们以积极的心态应对眼前的一切问题，就能"山重水复疑无路，柳暗花明又一村"。

调整心态，重新出发

你们的跑位太不积极了！

我听到观众都在给对方加油，就紧张了。

这次比赛我们的优势一点儿都没发挥出来。

篮板球保护得不好，导致对手的二次进攻得分非常多。

脆弱做法：

几次投篮没进，我听到有的观众在喝倒彩，心里特别不是滋味，越来越消沉……

我们练习的次数太少了，彼此都不熟悉，更别提默契了，肯定得输啊！

🛡️❤️ 反脆弱做法：

虽然我们和对方实力悬殊，但也要赛出精神！

对手的强大只是次要因素，关键是要分析自身的原因，迎难而上。

🧭 行动指南：

心理学上有一个"追蛇定律"，讲的是农夫被毒蛇咬伤后，选择去追击蛇，而不是寻求及时的治疗。比赛失败后不从根源找原因，而是陷入长时间的负面情绪中，这和"追蛇效应"中的农夫所犯的错误是一样的。反复回顾自己的失误，只会增加自己的内耗。

1 勤加练习

篮球运动员科比在接受采访时提到，自己每天凌晨四点就起床练习。只有专注地、连续地反复练习，才能实现从量变到质变的转化。

2 树立明确的目标

制订清晰的学习计划，并针对学习效果及时复盘、调整，试着挑战自己的能力极限。相信只要你坚持练习，就能够在学习中不断进步，实现自身潜力的最大化。

3 放平心态

赛前紧张是正常的心理反应，用平常心看待每一次比赛，即使失败了也没什么大不了。无论结果如何，"亮剑精神"不可少。

4 有针对性地练习

针对自己的弱点，强化训练。找出自己的薄弱之处，并有针对性地设计强化训练，帮助自己更快地提升。

5 保持自信

在备考与考试过程中，不断给自己积极的心理暗示。比如，每天对着镜子微笑，并告诉自己"我很棒"，这种积极的自我暗示，肯定会让你的内心充满力量，自信满满地走进考场。

回音壁：

比赛和考试，一方面考核我们的基本能力，另一方面也考核我们的心理素质。每年都会有因心理压力过大影响了考试发挥的高考生，调整好心态，这样才能发挥出自己的真实水平。

当众发言不脸红

你平时挺活泼的，怎么到关键时刻就"掉链子"呢？

对不起，老师，我一站到这儿就紧张，什么都想不起来了。

脆弱做法：

站到讲台上的那一刻，我的身体仿佛被定住了……

因为我说话声音小，跟蚊子哼哼似的，同学给我起了个绰号"小蚊子"。我怎样才能像别的同学那样举止得体、落落大方啊。

反脆弱做法：

谁站到讲台上都会紧张，多讲几次就好了。

我们总是被"别人"牵绊住脚步，别人的目光，别人的言语……但是，"别人"真的没有那么重要。很多时候，当众发言要的不是完美答案，而是我们的勇敢！

行动指南：

心理学中，有个专业术语叫"聚光灯效应"，指在社交场合中高估他人对自己的关注程度，不经意地把自己的问题放到无限大。你在台上的一举一动大家很快就会忘记，没有人会像你关注自己那样关注你。

1 多在熟悉的环境中练习

很多孩子害怕在公众场合说话，因为面对陌生的环境不知道该说些什么。其实，可以尝试从介绍自己感兴趣的东西开始，比如家里的玩具、书等。这样当众表达的时候，思路会比较清晰，也不至于完全卡壳。

2 避免与观众对视

当众发言紧张时，可以平视某个物体，避免与观众或评委进行眼神接触。保持一个好的状态，让演讲变得轻松有趣。

3 多找机会开口说话

在学习和生活中，有想法要及时与他人交流。科学实验认为，大声说话是锻炼胆量最直接的方法，慢慢来，你会发现自己一次比一次说得好。

4 增加自己的知识储备

知识储备丰富了，信心也就有了。自信有了，你的胆量自然就大了。丰富的知识储备也有助于提高你的口头表达能力，帮你更好地适应各种不同的交际场合。

5 进行系统的脱敏训练

可以报一个口才班，请专业的老师进行系统训练。在老师面前不必害怕被取笑，更容易放开手脚，大胆地练习。

回音壁：

清晰的表达能力，流畅的语言组织能力和自信的态度都可以通过后天培养。通过各种实践提升在众人面前说话的能力，相信你的表达会越来越流畅。

课堂互动要积极

刚刚我讲课的时候，你们在下面说"悄悄话"。现在给你们机会发言，怎么都变成"哑巴"了？

脆弱做法：

真希望老师提问时，我有"隐身术"。

我特别害怕被老师关注，每次路过老师办公室都想绕道走。

🛡️❤️ 反脆弱做法：

　　课堂上积极主动回答问题，不会的问题课后及时问老师。

　　在学习的过程中多提问，在提问中学习。不断探索，提升自己的学习能力。

🧭 行动指南：

　　学起于思，思源于疑。从古到今，很多创新都是由疑问开始。提出问题，是学习的开始，也是我们认知世界的开始。一个人想要快速学到知识，就要和老师保持良好的沟通，及时获得老师的帮助和指导。

1 不要害怕老师

有的同学不愿意与老师交流，可能是碍于面子、不好意思，或者觉得问题简单会被老师嘲笑，其实每个老师都喜欢勤学好问、努力上进的学生，大胆提问就好。

2 上课时要专注

你会清晰地记得曾在课堂上回答的问题，因为人在思考时的大脑状态比平常活跃得多，脑子越用越好用。经常用脑能够促进神经可塑性，对脑部发育起到极大的促进作用。

3 坦然接受老师的帮助

老师有着专业的知识和丰富的经验，他们的帮助能让我们少走弯路。不要觉得难为情或者不好意思，看到你的进步，老师也很有成就感。

4 养成勤学、善问的好习惯

为了完成任务而提问，耽误自己的时间也影响老师的工作。深思熟虑后再提问，问后要有反思。有领会和感悟的提问才是自我提升的开始。

5 相信老师是你的"神助攻"

试一试，可能你在课下怎么都学不懂的知识点，老师单独讲解一遍就能记住了。得到了老师的夸奖，也会极大地提高你学习的积极性。

回音壁：

课堂是老师和学生共同的舞台。老师教学的目的就是让同学们完整准确地掌握知识。要想把知识学牢固，就要把自己当成课堂上的主角，积极主动地参与课堂上的互动，而不是做个旁观者。通过良好的师生互动，实现教学相长。

请相信我能解出这道题

这道题融合了几个单元的知识点，难度很大哦！

脆弱做法：

难题留给"学霸"做，我把简单的题做对就行了。

简单的题我都不能保证全对，挑战难题简直是自取其辱！我保持现在的分数就可以了。

反脆弱做法：

大部分同学都做不出难题，做错也不丢人，我要大胆挑战一下。

解题就像闯关游戏，其实挺有意思的，成功通关的感觉太爽了。就算最终失败了，我也努力尝试了，不会后悔。

难题

难题

我要不要直接放弃有难度的题呢？ · · · ▽

 **行动指南：**

在遇到难题时，我们要启动"应战机制"，而不是"应付机制"。要想尽一切办法解决问题。

1 从多个角度分析难题

仔细审题，思考题目涵盖的知识点，通过对应知识点寻找解题思路。

2 归纳解决办法

难度大的题，可能会涉及多个复杂的知识点，计算过程烦琐且有陷阱和干扰信息，需要有较强的逻辑推理能力。稍不注意，就会遗漏重要条件。要学会通过反复回忆和推演寻找答题的突破口。

3 多进行自我肯定和自我激励

在受到正面激励时，我们才会更有动力去追求更高的目标。这种正向反馈能让我们感受到努力带来的成就感和满足感，从而更加积极地投入到学习中。

4 把困难的任务分解

　　面对庞大而复杂的任务时，许多人会感到压力，不知道从哪里入手。可以把这个艰巨的任务拆分成若干个小任务，化难为易，化繁为简。克服了畏难情绪，又能多次体验成功带来的成就感，是提升自信心的有效方法。

5 多参与合作学习

　　多参与合作学习项目或团队活动，例如小组讨论、研究性学习等。通过与其他同学合作学习和交流，大家可以互相帮助、互相启发，共同学习新的知识。

回音壁：

　　视难题为"拦路虎"，习惯性地选择绕道而行，学习态度会越来越消极。迎难而上，积极寻找解决问题的方法，才能不断提升自己的能力和水平。

我的口语会进步的

有些同学的读写能力不错，就是不会说，学成了"哑巴英语"。下课需要多加练习，发音要标准。

老师是在说我吧……

脆弱做法：

期末英语考试也不考口语，不用认真学。

口语再好有啥用！把期末考试应付好就可以了。

反脆弱做法：

学英语不能只会做题，万一遇到外国人，我连基本对话都不会可太丢人了，平时我要加强练习。

语言的本质，就是交流和表达。口语说得好，在很大程度上也能帮助你提高听力成绩，以及培养语感。

行动指南：

英语一直是重要的学习科目，但英语的学习不能停留在笔头。平时要有英语口语学习的意识，加强听力练习，你的口语水平一定会慢慢得到提高。

1 注重日积月累

坚持每天练习，可以计划每天练习五句日常实用对话，坚持一个月，你的口语一定会有提升。

2 通过"追剧"学习

相比传统的课堂，英文电影通过有趣的故事情节和丰富的视觉效果，能够极大地吸引人们的注意力，让人们更愿意主动学习和倾听。挑选一些自己喜欢的英文电影或电视剧，重复播放并关注演员的发音、语调、连读和弱读等细节，边听边模仿，让嘴巴和耳朵同步动起来。

3 勇敢开口，大声说

克服害羞心理，大胆开口。可以加入线上的英语学习社群或者跟水平相当的小伙伴一起练习。每次发言都是一次成长的机会，不用担心被嘲笑，从错误中学习，从交流中进步。

4 角色扮演练表达

选择一段自己喜欢的电影人物对话，和好朋友一起进行角色扮演。反复练习对话，并逐步加入动作表演。可以用录像设备记录下来，回放时检查自己的发音是否准确、语言表达是否自然流畅。

5 边玩边学乐趣多

互联网上有很多学习平台和软件，可以让我们在玩乐中学习英语。通过配音、模拟对话等，让我们在不知不觉中提高口语水平。

回音壁：

无论采用什么学习方法，坚持是最关键的。学习是一个循序渐进的过程，你所走的每一步都是向成功迈进的一步。提升英语口语，既是为了流畅地交流，更是为了通过语言，感受到异国的文化历史和生活方式，看到一个更广阔的世界。

找对方法，坚持学习

这次考试很多同学都取得了很大的进步，老师很高兴。希望大家继续努力，再接再厉！

我是不被老师关注的中游学生。

脆弱做法：

因为不上不下的成绩，我被同桌笑话。

期末考试结束后，很多同学获得了奖状，有"进步之星"，有"学习标兵"……看着他们开心的样子，我只能对着自己的成绩单叹气。

奖状 三好学生

奖状 学习标兵

奖状 进步之星

🛡️❤️ 反脆弱做法：

脚踏实地、持续有效地学习，终有一天会出成绩的。

"罗马不是一天建成的"，稍微努力一下就能考高分，那人人都是"学霸"了。成功一定有方法，失败一定有原因，我一定好好总结自己的问题。

总结

🧭 行动指南：

学习需要系统化，不是解决了某一个问题，成绩就能突飞猛进。"量变产生质变"需要量的积累。找准方向，用对方法，持之以恒才能见到效果。

1 突破舒适区

培养自我驱动力，针对难题进行专项训练。在刷题的过程中，回顾相关的知识点，再根据自己总结的规律，巩固解题思路。

错题本

2 改掉拖延症

学习有一个极大的天敌，那就是"拖延"。拒绝拖延，全身心投入学习中，就实现了从 0 到 1 的突破。

3 不要假装努力

看上去很用功，但是总考不出好成绩，可能是方法出了问题。比如，老师讲课时，忙着做笔记；课下做题时，开始研究知识点……没有计划性，爱随性而为的同学，要找到属于自己的学习方法，不做无用功。

4 拒绝敷衍式学习

改变心态，给自己定一个小目标，比如，完成每周的学习任务后给自己奖励；也可以让朋友或家人对学习成果进行检验，保持足够的学习动力。

5 学习要有针对性

精准输入，针对弱点是实现高效学习的底层保障。很多学生起早贪黑、熬夜刷题，成绩却永远不上不下，付出了时间和精力，也没有得到想要的成绩。

回音壁：

假设一个池塘里的荷花会在第 1 天开一朵，第 2 天开两朵，之后的荷花开放的数量都是前一天的 2 倍，假设第 30 天时荷花会开满整个池塘，那么在第 29 天时，荷花仅仅开放一半，最后一天的生长速度等于前 29 天的总和，这就叫作"荷花效应"。成功需要厚积薄发，积累沉淀，每天的一点点进步累积起来就是巨大的变化。

积极应对考试压力

这次语文考试涵盖的知识点比较全面，同学们要好好复习。

知识

我连着几天都吃不好、睡不踏实，满脑子都是即将到来的期末考。

🧸💔 脆弱做法：

这次要是考砸了可怎么办啊……

试卷没写完就被收走了，我拉着监考老师的衣袖一直哭，直到哭醒了，才发现原来是个梦。白天上课时我也提不起精神，课文背了一个小时也记不住，我这是怎么了……

🛡️❤️ 反脆弱做法：

期末考试，是对我们学习成果的检验。一味紧张没用，认真备考才是正解。

考试前每个人都会焦虑，这是正常的反应。越到考前越要控制好情绪和节奏，千万不要给自己增加思想包袱。

行动指南：

心理学家丹尼尔·韦格纳做过一项实验，他让参与者不要想象一只白色的熊，结果却发现参与者反而更加频繁地想起这个形象，由此提出"白熊效应"。越想抑制，反而想得越多。不要过分追求成绩和结果，学会适当放松才能在考试中取得好成绩。

1 考前焦虑是正常的

考试时的情绪肯定不可能和平时一样平静，但真正影响我们考试发挥的并不是情绪本身，而是我们对情绪的过度抵抗和对自己的过度批评。

2 健康饮食，适度休闲

适量的运动有助于把人从烦忧的状态中脱离出来。要注意因人而异，可以根据自己的喜好、体质、体力等来选择适合的放松方式。

3 多与同学沟通

每一个人都会有不同程度的"考试焦虑"，不必为自己的"焦虑"感到羞愧和紧张。可以向同学"取经"，从别人身上学到一些应对焦虑的方法，从而实现社交性"互助"。

4 不要刻意地改变作息

考前作息习惯的改变会让我们陷入一种焦虑情绪中。即使考前睡不好也没有关系，你的大脑处于积极的兴奋状态中，不会对考试有影响的。

5 化焦虑为动力

考试的终极目的，不是为了最后的一纸成绩，也不是为了排名比较，而是为了帮助我们查漏补缺。趁现在还有时间，你可以化焦虑为动力，针对重点进行巩固和复习。

回音壁：

奥运选手们的比赛压力可比我们大多了，他们身上不仅承载着个人的梦想，更肩负着祖国的荣誉。可如果他们光想着比赛的重要性，焦虑就会像滚雪球一样升级，最终影响正常发挥。对自己的状态和表现多一点宽容和接纳，避免负面情绪的放大。

我可以像你们一样勇敢

在郊区的停车场我和爸爸妈妈遇到两只没有拴绳的大狗，爸爸警惕地放缓了脚步，随手捡起了路边的一根粗树枝。

你要小心啊！

你们站在这里等我，别乱跑，我去停车场把车开过来。

我害怕地站在原地，妈妈不停地安慰我。好在不一会儿爸爸就来接我们了，我悬着的心总算放了下来。

脆弱做法：

我是个小孩，胆子小很正常。

勇敢是大人的事情，爸爸妈妈会一直在我身边保护我的。

反脆弱做法：

克服恐惧，不畏挑战。

一天晚上突然停电了，我很害怕，把头蒙在被子里不敢动。突然窗外传来小虫子的叫声，像唱歌一样清脆。我慢慢地探出脑袋，借着月光看着我的书桌、玩具，一切都是熟悉的样子。我想，它们在黑暗里也没什么可怕的呀。从那以后，我不再怕黑了。

行动指南：

每个人都有自己独特的性格特点，有些人可能天生就较为内向和胆怯，这并不是缺点。但是如果因此而感到自卑、不自信或无法适应社交环境，那么我们就应该采取一些措施。

1 正视自己

勇敢并非天生具备的品质，要在学习和生活中不断地磨砺才能获得。

不要因为自己胆子小而感到自责或者沮丧，这种情绪会限制我们迈出勇敢的第一步。多鼓励自己尝试新的事物，不要给自己"设限"。

② 别急于改变现状

勇敢是通过积极地迎接挑战和面对恐惧培养出来的。我们可以设定一个小目标，逐渐放下畏缩并行动起来。这些小目标的成功将逐渐增加我们的自信，并帮助我们成为更勇敢的人。

③ 少和别人比较

每个人的家庭背景不同，成长经历不同，比昨天的自己进步一点就好了。

④ 与自己和解

接受自己胆小的事实，勇敢地面对恐惧并迈向我们的目标。记住，勇敢并不是一种与生俱来的品质，而是通过不断的努力和经验积累得到的。

5 努力激发自身潜能

我们的航天英雄杨利伟，小时候因为不敢上一米五高的梯子，被人取笑是"胆小鬼"。后来，在父亲的鼓励和帮助下，他不仅敢爬高山，还学会了游泳。所以，尝试先完成一些小目标，是积累信心的好办法。

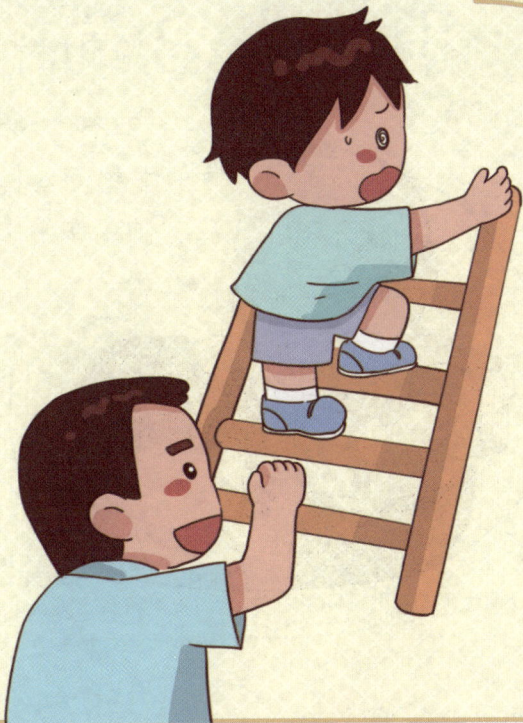

回音壁：

能够在人生中有所收获的人，都是勇往直前不怕失败的人。遇到小小的挫折就退缩甚至放弃的人，最终一事无成。

客观地认识自己，努力突破自我，激发自身潜能，才能拥有不一样的精彩人生。

我是自己的 "指挥官"

爷爷给你背书包，在学校都累一天了。

春游要带的零食，爸爸给你放小背包里了。

脆弱做法：

我就乐意当听话的乖宝宝，被人关心和宠爱还不好吗？

爸妈说我只需要好好学习，其他一概不用我操心。我觉得他们说得对，其他事情不重要。

反脆弱做法：

我不要做被牵制的风筝，我要当展翅飞翔的雄鹰。

家长不可能替我们做所有的事情，我们也不可能永远生活在父母的保护之中。自己的事情要自己做，不要躲在舒适区当"袋鼠宝宝"。

你的房间都收拾好了。有几本旧书和玩具，我都给你扔了。

奶奶给你削苹果，你坐着玩一会。

我是全家人的掌上明珠……

行动指南：

在爸爸妈妈的过度保护下，我们产生依赖心理，长此以往，胆量、独立意识会不知不觉地消失，害怕自己拿主意、做决定，凡事都需要靠别人来参与。

1 拒绝人云亦云

事事顺从他人，只会让你变成"巨婴"。学会争取机会，做自己力所能及的事。

2 表达自己的真实想法

如果你想学拳击，但爸爸妈妈怕你在运动中受伤，觉得那是男孩的专属运动，你可以积极地将自己的观点表述出来，只要合理，一定会得到父母的支持、认可。

3 学会说"不"

在合理的情况下，用恰当的方式表达与父母不一样的看法。父母一开始也许会有些失落，但他们会一定理解你。

4 自己一个人也能做好

摆脱依赖，征得父母同意后，尝试去做一件你想自己做却不敢做的事情。

5 勇于担责

面对困难与挑战时，不逃避、不退缩，做错事情勇于面对，并承担由此产生的一切责任。

回音壁：

家养宠物一旦被遗弃，在野外的生存能力几乎为零。我们终究会长大离开父母生活，勇敢地迈出独立的第一步，才能成为自己的"指挥官"。

移走"拖延"和"磨蹭"这两座大山

现在已经晚上十点了，还没写完作业？

你是不是又开小差了？

我只是写得有点慢。

🧸💔 **脆弱做法：**

我玩一会儿就去做作业。

每天写作业的时候，我的脑子就有两个小人儿在"打架"，它们一个勤快，一个贪玩，每次都是贪玩的小人儿赢。

反脆弱做法：

弱者才给自己找理由。

作业早晚都得完成，早点写完就可以做喜欢的事了。

行动指南：

凡事习惯"拖延"和"磨蹭"，其实是"自我驱动思维"出现了问题。一味地拖延，最后可能导致一件都完成不了。

1 将事情分轻重缓急

"四象限法则"是指用"十"字将事情分成四个象限，分别分为重要又紧急的、重要但不紧急的、不重要却紧急的、不重要且不紧急的四个维度。

用四象限法则区分当前最该做的和有空再去做的。列出具体事项清单，并把事项按照紧迫性排名。

2 建立良好的自我管理习惯

树立时间观念和时间管理能力，凡事提前五分钟准备，用主动的方式掌握时间，有计划、不慌乱地面对所有事情。

③ 设定任务奖励

完成一项任务后，可以奖励自己吃个小蛋糕或者看会动画片，这种满足感会让你切实感受到自己的付出有了回报，更认可自己的努力。同时，也能释放积累的疲惫、压力，快速恢复自己的状态。

④ 从简单的事情开始做

从简单的事情开始做，可以获得成就感，才会更加积极地投入到下一项任务。

⑤ 秉持守时的态度

守时能给人带来良好的状态。比如，提前进入教室做准备，可以整理好课本桌椅，更快地进入上课状态。享受守时带来的从容，养成不拖延的好习惯。

回音壁：

"拖延"和"磨蹭"不仅影响学习效果，也会影响精力和做事效率。

时间一去不复返，正视时间管理，让每一天都变得有意义。

我能做到 独立思考

放假了，你应该把下学期的课程预习一下。

平时忙着学习没工夫锻炼，我给你报了篮球、游泳兴趣班。

🧸💔 脆弱做法：

你们说得都对，我该听谁的？

小时候，小伙伴拿他的压岁钱红包过来跟我换，说他的红包封面又大又好看，我觉得有道理，就同意了。结果红包里的一百元也被换成了五十元，我被妈妈教训了一通。我从小就特别容易相信别人。

🛡️❤️ 反脆弱做法：

要根据自己的实际需要定夺。

别人的话，有善意的，也有恶意的，还有不适合我的。我要像《小马过河》里的小马一样，在听取大家的意见后，做出自己的判断。

🧭 行动指南：

独立思考是培养创新力和解决问题的关键能力之一。在当今这个"信息大爆炸"的时代，更需要有对信息加工的能力，培养对信息的质疑和判断的能力。

① 不要盲从盲信

　　主动控制信息输入，减少对社交媒体的依赖，选择有深度的阅读材料，不人云亦云，不盲信盲从，有任何的疑问都不会轻易放过，不因为权威、传统或群体压力而失去自己的独立判断。

② 提高认知水平和培养批判思维

　　多读书、看报，了解社会热点和科技发展趋势，提高认知水平。从多个角度思考问题，不断挖掘问题的本质和深层次含义。尊重他人观点，但同时学会质疑、分析和评估信息。

③ 做个"好奇宝宝"

　　人生中最重要的事不是知道答案，而是学会问问题。不满足于表面的答案，通过提问和深入分析来推动思考。

4 抓住问题的关键

在复杂凌乱的资讯中，筛选出需要的知识点，与已知信息快速建立关联性，形成网络架构，并给出自己的观点和判断。

5 对自己要有自信

即使面对质疑，也要坚持自己的观点，不被外界影响，保持清醒的思考。

回音壁：

拥有具备独立思考能力的大脑，就相当于给信息加装了一个过滤加工处理器。把学习到的知识、经验、思考、领悟，内化为自己的体会，才能在人生的选择和决策中，给出最合适的选择。

我的人生我做主

篮球兴趣班我给你退了，女孩子不适合这项运动。

我挺喜欢打篮球的，而且班上好几个女孩子都打得挺好的。

可是……

你们在体育课上玩玩就行了，还是以学习为主，没必要去兴趣班再学。

 **脆弱做法：**

那就不去了吧，我的反对是无效的。

虽然我很喜欢上金教练的篮球课，但打篮球确实只是我的兴趣爱好，妈妈的担心我也表示理解。

反脆弱做法：

　　我是个大孩子了，一些事情我可以自己做决定，也请你们相信我会把握好分寸。

　　虽然我的决定不一定正确，但对于我来说是一个锻炼的机会，做对了就继续提升自己，做错了我也能从中吸取教训。

行动指南：

　　有的事情，是可以自己独立思考做出决定的，而有的事情，需要听从父母的建议。我们应该根据自己的情况、经验和需求，综合考虑父母的建议，并做出适合自己的决策。需要和父母多商量，多沟通，尊重彼此。

1 先做到精神上的独立

当你意识到父母并非全能时，你的自我意识就已经开始觉醒了，这是你走向独立的第一步。

2 学会温柔地拒绝

说"不"时要控制好自己的情绪，学会委婉地表达自己的意见。太激进，可能闹个不愉快；太被动，意见可能被忽略。采用一种温和但坚定的方式，适时真诚地向父母、长辈表达自己的需求和感受。

3 提出替代方案

认真听取父母的意见，并耐心解释你的期望和计划。表达对他们的尊重，同时也要表达自己的想法。当各执一词、不可退让的时候，不妨拿出一个双方都能接受的方案来，试行一段时间，一起验证效果。

4 **和家长建立界限**

　　和父母说明你能接受的、不能接受的，相信他们会尊重你的选择。

5 **保持耐心和理解**

　　父母可能不会立刻理解你的想法，因此，要保持耐心，理解他们的初衷。

回音壁：

　　分离和独立的过程是循序渐进的。长大并不是在一瞬间就完成的，要坚持不懈地为这个目标做准备，并不断地进行练习，最终成为独立的自己。

做学习的 小主人

这本数学教辅很好，我给你买了。

这套英语卷子不错，是名师出的，对你的期中考试会有所帮助。

语文要多拓展课外阅读，我已经给你下单买了中外名著。

我想买自己喜欢的书，妈妈，您能不插手吗？

脆弱做法：

妈妈说买啥就买吧。万一我没考好，她再怪我。

只要我一开口说"不"，妈妈就说她是老师，有十多年的带毕业班经验，绝对不会在学习上搞错的。我懒得反抗了。

🛡️❤️ 反脆弱做法：

我已经长大了，你们怎么就不相信我能安排好自己的学习呢？

我在书店里，按自己的需要买了辅导书，取长补短地进行复习，结果考试成绩跃升到了班级前三名。事实证明，我能安排和调节好自己的学习计划，妈妈不需要过于担心，我会越做越好的。

🧭 行动指南：

学习靠的是强大的自我意识。因此，要养成不依赖他人、自己判断问题的习惯，制订合理的学习目标和计划，自主完成预习、听课、作业、复习，在过程中反思调整，最终才能取得真正属于自己的成绩。

1 设定明确的学习目标

很多人在学习中感到迷茫、困惑、疲惫，缺乏方向和动力，甚至产生厌学和放弃的情绪，往往是由于缺乏明确的学习目标所导致的。明确自己的学习方向和进度，才能提高效率和质量。

2 做好可执行的学习计划

不切实际的学习计划，会给我们的学习带来不必要的困扰，因此在制订学习计划时我们要做到合理、切实可行。

3 掌握有效的学习方法

针对不同的学科采用不同的学习策略和方法。

例如，数学多做习题、掌握解题技巧是非常重要的；语文和英语则需要通过大量的听说读写练习来提高语言运用能力。还有些学科需要进行实践操作。在学习过程中需保持灵活性和适应性，以达到最佳的学习效果。

4 合理分配自己的时间

鲁迅的《野草》中有一句话："时间就像海绵里的水，只要愿挤，总还是有的。"我们可以根据学习任务的难度和复杂度，合理分配时间。

5 我的学习计划我做主

培养自主学习能力，才能更好地适应未来社会的挑战和竞争，发挥自己的潜能。

回音壁：

我们是自己的主人，有足够的空间和时间才能成长。告诉爸爸妈妈，成长的过程中我们可能会遇到一些失败和挫折，希望爸爸妈妈能给予我们足够的支持和鼓励，而不是立即帮助我们解决问题。这样，我们才能学会如何面对困难和挑战，学会自立自强。

受到夸奖时，整个世界都会明亮起来

> 闺女你太棒了，这次比赛成绩不错，不愧是我亲生的！

> 你怎么这么笨，这么简单的数学题都做错，一点都不像是我亲生的，真是气死我了！

> 妈妈，我到底是不是您的女儿啊？

脆弱做法：

我怎么做都不能让妈妈满意，可能我就是那个最糟糕的孩子吧。

一想到妈妈骂我的样子就很难过，上课没精打采，下课也恍惚，连好朋友约我周末去欢乐谷玩儿，我都推掉了。妈妈说得对，我的确是一无是处。

反脆弱做法：

父母的气话别当真，我肯定是他们亲生的……

谁都喜欢被赞美，不喜欢被批评。但人是情绪化的动物，大人小孩都会说冲动的话。父母的过度批评，别太放在心上，他们只是有些焦虑和着急了。

行动指南：

尽管父母的言辞有时可能显得过于严厉，但他们的初衷也是为了我们的成长和进步。

1 理解父母

学会换位思考。首先要让父母了解到你受到了伤害。同时，也要倾听父母的想法和担忧，带着理解去沟通。

2 过滤别人话语里的坏情绪

"爱之深，责之切"，父母只是希望我们能变得更好。

3 爱是关系的润滑剂

不论大人小孩，都喜欢被夸奖。妈妈情绪不好时你不妨夸夸她的厨艺，夸夸她的美貌……你的赞美一样能让妈妈感觉整个世界都是彩色的。

4 把关心落到实处，主动担责

买菜时帮父母提包，吃完饭主动帮忙收拾，不光在嘴上输出情绪价值，也要把对妈妈的关心落到实处。

5 必要时寻求外部帮助

孩子和大人之间难免想法不同，但不代表有冲突。如果你感觉和父母沟通困难，可以找一个信任的朋友、亲戚或者考虑寻求专业的心理咨询师的帮助。他们可以提供不同的视角和建议，帮助你更好地处理问题。

回音壁：

父母是我们生命中最重要的人。在享受父母关爱的同时，也可以为他们做一些力所能及的事，让他们感受到来自你的温暖。这样既减轻父母的负担，还能增强我们的责任感和独立性。保持开放的心态，对于父母的建议和批评不要过于敏感或抵触，而是将其视为一种成长。

我们都是妈妈的宝贝

弟弟真棒！会自己抓东西吃啦！

脆弱做法：

弟弟还小不懂事，我是该多忍让。

我在家里被爸爸妈妈嫌弃，在学校也是个"小透明"。我就是一个没用而且多余的人。

你都四年级了，不知道让着弟弟吗！

是弟弟把我的作业扯坏了！

反脆弱做法：

弟弟长得肉嘟嘟的，谁见了都想亲亲他。但我也是个孩子，也需要妈妈的拥抱和爸爸的鼓励。

当了姐姐不是变成了大人，我要和爸爸妈妈好好地说一说"被忽略"的感受。

行动指南：

告诉爸爸妈妈，我很爱弟弟妹妹，但我也还是个小孩子，希望爸爸妈妈能多给我一些关爱。

1 向父母定制"私人时间"

在爱面前，每个人都有占有欲，都想要父母独一份的宠爱，独享爸爸妈妈的爱让我们感到满满的安全感。有了弟弟妹妹后，爸爸妈妈陪我们的时间不可避免地变少了。可以向父母定制独属我们的"私人时间"。比如，可以和爸爸一起运动、和妈妈一起读书。相信这段"私人时间"能让你感受到神奇的力量。

2 适时地表达情绪

如果父母"偏心"在先，但自己用消极的方式处理：一味无原则地忍让、生闷气，不但无法解决问题，还会让误会、矛盾和积怨越来越深，产生不可预料的后果。

3 对父母提出合情合理的要求

相信父母的爱是平等的。如果担心自己表述不当，可以先以写信的方式表达情绪和观点，给双方思考和反省的时间，再找机会与父母进行开放和坦诚的对话。

④ 与兄弟姐妹相亲相爱

兄弟姐妹是亲密的朋友，而非分享父母的敌人。吵架的时候，多想想对方的优点和过往的快乐。多交流生活、学习方面的经验和感受，减少误解和猜疑。

⑤ 兄弟姐妹的相处之道

兄弟姐妹之间有着相似的成长背景和基因，比朋友、同学有更多的交往基础和相处时间。当弟弟妹妹的好榜样，你会发现这是一件很值得高兴和骄傲的事。

回音壁：

无论父母怎样对待你，先要学会爱和欣赏自己，并保护自己的情绪和心理健康，找到属于自己的幸福和满足感。如果你觉得无法自行解决问题，还可以向其他家人、朋友或心理咨询师寻求支持。

接纳 不完美的自己

你的个子矮，这条裙子你穿上都快拖地了。不是我不舍得借，长裙真的不适合你。

曼曼，你的裙子真好看。这个周末我出去玩儿，借我穿一天好吗？

我穿什么衣服都不如曼曼好看，我讨厌自己。

脆弱做法：

在曼曼这只"白天鹅"面前，我就是一只"丑小鸭"。

每次和曼曼一起出门玩儿，别人都只跟她说话，我在旁边就像个"小透明"，完全不存在似的。我就这么不显眼吗？我也希望别人能主动跟我说话……

反脆弱做法：

曼曼长得是好看，皮肤白白的，个子高高的。可我也不差呀，运动会上我可是大忙人，短跑、跳远、扔铅球对我来说都不在话下。

我可不能用"放大镜"看别人的优点，对比自己的缺点，过度自我批评就是一种自我消耗。真正的朋友会站在对方的角度思考问题，如果朋友从不在意你的感受，那这个朋友不要也罢。

行动指南：

完美是一种理想状态，而非现实目标。设定合理的目标和期望是克服完美主义的关键。我们需要放下对完美的追求，让事情自然发展。这并不意味着放弃，而是学会在追求完美的过程中找到平衡和满足。

1 正视自己的不完美

每个人都有自己的不足之处，但这并不意味着我们是一个失败者或者无能的人。相反，这些不完美恰恰是我们成长的机会。只有正视自己的不足，才能发现自己的潜在能力和价值。

2 改变自我认知

尝试从不同的角度看待自己，不要过分关注自己的不足，而是更多地关注自己的成长和进步。将自己的不完美视为成长的机会，而不是阻碍。

3 接纳独一无二的自己

我们每个人都是独一无二的，拥有着自己的个性和特点，都会因为自己的不完美而感到焦虑和不安。其实，接纳不完美的自己，才是真正成长和进步的开始。

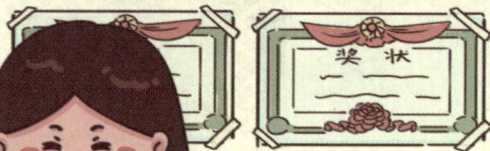

4 关注自我成长

人生中没有完美的人和事，不应该因为自己的不完美而沮丧和失落。我们要换个角度看问题，承认生活中的不完美是常态，遇到挫折时保持自信和乐观，珍惜每一次的努力和经历。

5 不对自己过分苛责

对自己保持宽容和理解，不要过于苛求或自责。认识到每个人都有犯错的时候，要学会从中吸取教训并继续前进，设定合理的目标，不过分在意他人的评价，学会放松和自我接纳。

犯错 →

← 宽容

回音壁：

"香花不美，美花不香，色香兼有则多带刺。"接纳自己的不完美是一个长期的过程，需要耐心和坚持。将注意力放在自我提升和成长上，而不是停留在对不足的担忧上。设定可实现的目标，并为之努力，从而增强自信心和成就感。

不要让虚荣心成为"绊脚石"

我爸爸的朋友送我的限量版球鞋，有钱都买不到的！

你这不算什么，我家里还有明星签名版球衣呢！

他们说的我都没有……

💔 脆弱做法：

别人有的，我也要有。

我挺喜欢上篮球课的，可队友隔三岔五就换一双新球鞋，相互攀比，实在让人讨厌。

每次看到他们相互显摆球鞋、球衣，我都会自卑。我也好想拥有一双限量版球鞋啊！

🛡️❤️ 反脆弱做法：

球鞋花钱就能买，球技可不是花钱就能拥有的。在球场上，比拼的应该是球技。

与其要求父母买大几千的球鞋，不如要求自己多精进球技，奖牌可比限量款球鞋更闪耀呀，要凭实力才能拿到它！

🧭 行动指南：

在人与人的交往过程中，"攀比"似乎不可避免。当你陷入"别人有的我没有"的负面攀比心理时，可能会对个人的心理健康和人际关系造成负面影响。这时一定要明白他人只是我们的参照物，每个人在社会坐标系中都有自己独特的位置。

1 **正视虚荣心**

正视虚荣心的存在，这是一种正常的情绪反应，别人拥有的，你也想有，这很正常。但尺有所短，寸有所长，你有球鞋并不一定有球技。有时候，拥有知识、技能、品德等内在素质，远远胜于外在的物质。

2 **不要过度对比**

每个人的生活轨迹、运气、机遇都不一样，如果一直这样比下去，光顾着看别人，很容易忽视了自己脚下的路。把自己从病态的自尊和自卑中解脱出来，正视自己的不足，才能更好地规划自己的人生。

3 **认可自己的价值**

学会感恩，珍惜现有的一切，克服虚荣心的方法就是找出自己的优点和独特之处，建立自信心。每个人都有自己的闪光点，不必总是与他人比较。

4 促进正面竞争

不做无意义的攀比，你可以将注意力转向积极的正面竞争，如学习进步、团队合作、创新思维等，通过努力获得成就感。

5 专注提升自我

尝试将注意力转移到提升自己的技能上，而不是仅仅关注物质的拥有。要制订自己的目标和计划，并努力实现它们。当我们忙于追求自己的进步时，自然无暇顾及他人，从而减少虚荣心的滋生。

回音壁：

攀比心理产生的根源主要是价值观的偏离与倾斜。树立了正确的价值观与人生观，你就不会把外在的东西与人攀比，要比就比学习、比进步、比能力、比努力。正当的竞争，会促进你专心学习，健康成长。

最好的攀比，不是和别人比，而是跟昨天的自己比；如果我们比昨天的自己进步了一点点，就是最好的拥有。

慢热也可以交到好朋友

和你在一起，不是被急死，就是被无聊死。

我们才不要和一天下来说不到三句话的人玩！

我是慢热的人，虽然做事节奏慢，但我的内心并不冷漠啊。

脆弱做法：

人多的时候，我就不知道该说什么、做什么了。

其实我也想参与到集体中，但我反应慢，唱歌也不好听，想想还是算了。反正大家玩得挺开心的，多我一个不多，少我一个也不受影响。

🛡️❤️ 反脆弱做法：

　　有人喜欢娇艳的牡丹，也有人喜爱芬芳的茉莉。物以类聚、人以群分，我想我也能找到合适的朋友。

　　慢热不代表自闭，只是不擅长表达，对集体融入得比较慢。慢热的人不是找不到朋友，而是找朋友的时间比别人长一点。

🧭 行动指南：

　　在社交生活中，有的人热情如火焰，迅速燃烧；有的人则像徐徐微风，慢慢吹拂心田。不管是快还是慢，都不存在绝对的好和坏，只是社交节奏不同。

1 心态上接纳自己

假如你本身反应比较慢，请给自己多一点的时间去适应新环境，而不是跟那些很容易和别人打成一片的人相比较。找到适合自己的节奏，而不是被别人的节奏带着走。

2 行动上做真实的自己

平时是什么样子，就表现出什么样子。没必要强迫自己在和朋友初次相识时就热情拥抱，也不必在人群中高谈阔论。大家都想找到适合自己的朋友，真实、自然地做自己就好。

3 找到同频人

正所谓"飘风不终朝，骤雨不终日"，感情快速达到炙热点的，未必就能长久。"三观不同，不必强融。"确认彼此的感受后，再深交也不迟。

4 朋友在真，不在多

慢热的人，朋友可能没有外向的人多，也不像外向的人交朋友那么轻松。但他们不会因为一时的冲动而许下承诺，每一个诺言都经过深思熟虑，这也是对待友谊的正确态度。

5 时间是友谊的试金石

真正好的关系，慢一点也没有关系。时间是检验两个人的关系最好的试金石。当共同经历过一些事情，对彼此有了非常全面的了解和足够深刻的认识之后，再互相给个"五星好评"，这样的关系才会既真诚又长久。

回音壁：

"人生难得一知己，千古知音最难觅。"人与人交往是有一定的节奏的，也需要有一点时间的沉淀。慢热型的人虽然初相识时可能给人留下的印象不深，但随着时间的推移，他们的真诚稳重、笃定温和的特点会逐渐显现出来，值得用心去体会和感受。

拒绝"一步登天"

突击十天，再加上这本秘籍，期末考试我肯定能进步！

我可没这"逆袭"的本事。再做几张模拟卷，希望期末成绩不要退步。

脆弱做法：

做了十套模拟卷，还是没考好。以后还是继续"躺平"吧。

头脑发热当了十天好学生，可成绩跟之前的差别也不大啊？看来努力和不努力都差别不大，我还是别费劲折腾了。

反脆弱做法：

虽然乌龟爬得慢，但一步步往前挪，一定能到达终点的。

我刚转学过来，虽然我不聪明，基础也不行，可心里再着急，学习还是得一步步来。我每天比别人多学一个小时，积少成多一定能赶上进度的。

行动指南：

　　人生的道路上没有捷径，很多走了捷径的人，到最后发现是错路而追悔莫及。好高骛远、认为天上会掉馅饼的心态要不得，心态上一定要放平，任何事情都是脚踏实地，一步步稳打稳扎地做出来的。

1 放平心态

当我们发现自己有"好高骛远"的念头时，要停下来问问自己："这个目标真的适合我吗？我是不是需要更专注于眼前的事情？"通过这样的自我反省，我们可以更清晰地认识自己。

2 欲速则不达

设立具体、可行、合理、可度量的目标，分阶段、循序渐进地实现。不切实际地追求过高的目标而忽视了自己的真实水平和实际能力，往往导致效果不佳，甚至适得其反。

3 理想不能脱离实际

理想不是画饼充饥，脱离现实的理想最多只是聊以自慰的空中楼阁。不切实际的目标，会让人在不断努力后还觉得距离目标太远，从而丧失信心。

4 稳打稳扎地进步

在学习上好高骛远，感觉自己能一步登天，最后发现其实是异想天开。脚踏实地一点一点地提高自己的能力，稳打稳扎地记牢每一个知识点，做好每一个环节，不盲目追求短期的效果。

5 培养耐心和毅力

临时抱佛脚可能偶尔有惊喜，但不可能永远奏效。成功需要付出艰辛的努力和持久的耐心。只有那些具备了足够的耐心和毅力的人，才能够克服困难，达成自己的目标。

回音壁：

"万丈高楼平地起，一砖一瓦皆根基。"世界上没有永动机，也不会有一劳永逸的事情。平时稳扎稳打地做事，注重点滴积累，一个问题一个问题地解决，一个目标一个目标地实现，积小胜为大胜，最终获得的才是实实在在的成绩。

不做爱哭的"林妹妹"

这是妈妈辛苦了一周给我缝的演出服，污渍洗不掉了怎么办呀？

原来是不小心弄到墨水了呀？多大点事儿啊！

别哭！我知道附近有一家洗衣店，我们陪你去问问。

🧸💔 脆弱做法：

还有两天就演出了，怎么办啊，我又拖大家的后腿了……

都怪自己不小心，要是墨水洗不干净，演出服就没法穿了。这次表演大家都信心满满，我一个人耽误了大家，可怎么办呢？我越想越懊恼，忍不住放声大哭。

🛡️❤️ 反脆弱做法：

肯定有解决办法，光坐着哭是无济于事的。

先去洗衣店问问有没有办法处理，实在不行用差不多颜色的布料替换一下。总不能因小失大，为了一件衣服把大家的表演搞砸了。

🧭 行动指南：

内心脆弱的人爱胡思乱想，陷入情绪泥潭无法自拔，无法专注于当前的工作生活，容易变成动不动就哭哭啼啼的"林妹妹"。他们缺乏自信，对失败和批评过于敏感。而内心强大的人，不害怕未知的困难，一旦确定目标就坚定地朝着自己的目标前行。

快洁洗衣

1 积极的心态

面对困难时，尝试从中寻找积极的一面，将挑战视为成长的机会而不是障碍。培养积极的思维方式，减轻情感压力和焦虑，在逆境中保持乐观，增强内心的韧性。

2 不沉溺于负面情绪中

面对挫折时，要保持冷静，分析问题的根源，寻找解决方案，而不是沉溺于负面情绪中。不要把遇到的困难和问题一遍遍地在脑海里重复，给自己带来不必要的精神内耗。

3 自我关怀

内心的强大与自我关怀密不可分。关注自己的身心健康，可以通过运动、冥想等方式进行适当的休息和放松。关注自己的需求，避免给自己过度的压力，才能更好地维护内心的平衡。

4 灵活应对各种变化

生活中充满了不确定性，变化也带来了新的机会和可能性，首先要接受变化，增强内心力量。学会灵活应对变化，保持适应能力，在面对挑战时才更加从容。

5 持续学习与成长

不断学习和成长是增强内心力量的重要途径。通过阅读书籍、参加课程或培训，扩展自己的知识、增加技能，保持开放的心态，不排斥新事物，有助于我们在生活中取得更大的成就。

回音壁：

内心的强大并不是一蹴而就的，而是一个持续的过程。通过学会自我肯定，直面挫折，保持积极地心态，提升自己的能力我们可以逐步培养出强大的内心。每个人都有潜力让内心变得强大，实现的关键就在于我们是否愿意付出努力和时间去追求这个目标。

拒绝"玻璃心"

孩子，爷爷奶奶一直认为你是最棒的！

脆弱做法：

我以后再也不想参加唱歌比赛了，明明在家练得那么好，却没拿到金奖。

我每次在家里唱歌，爷爷奶奶、爸爸妈妈都说唱得好听极了。学校的歌唱比赛，我每次都拿金奖。大家都认为我是最棒的，但是这次比赛，我因为发挥失常，没有拿到如愿的名次。我既难过又自责，连以后参加比赛的信心也没有了。

反脆弱做法：

被夸出来的第一不是真正的第一，要正确认识自己的能力和优势。

这次比赛，让我知道了什么是"山外有山，人外有人"。虽然我的声乐水平不差，但是在音色控制和临场发挥上，确实还存在一些不足。今后，我一定要加强练习，争取下次比赛的时候拿到第一名。

你今天总体表现不错，只是因为紧张有一个音唱得偏高，影响了你的成绩。

可是我这次没拿到理想成绩。

出错很正常，吸取教训，下次就有经验了。

行动指南：

孩子容易"玻璃心"，表现为对外在的刺激很敏感，非常在意别人的评价，受到批评或否定时容易产生愤怒、焦虑等强烈情绪，害怕失败，遇到挫折时容易退缩，甚至会自暴自弃。

事实上，一个人内心高度敏感，并不是缺陷，反而是一种"超能力"。正所谓"天生我材必有用"，只有对自己有清晰的认知，才能找准自己的定位。

1 多自我激励

　　每天对自己说："我可以，我不比别人差"，你会发现，你比自己想象的要厉害很多。因此要给自己积极的暗示，建立起"自信心和行动力"。

2 构建起稳定的主场意识

　　要有意识地培养自己的判断力。而对于别人的夸奖或诋毁，要有进行自我调整和自我优化的能力。拥有稳定的主场意识，有自己的节奏，对个人发展来说尤为重要。

3 情绪钝感力

　　"钝感力"就是对很多事情不要那么敏感，不要那么着急去做判断。拥有钝感力，面对失败也能坦然接受，有勇气再次破局。

4 多用理性思维取代感性思维

感性的人没有什么不好，但是过于感性的人在处理问题时掺杂个人感情较多，往往不能做出明确的判断。"感性做人，理性做事"是最明智的做法。

5 看到高敏感人群的另一面

高敏感的人往往有着丰富的想象力和充盈的内心世界，对细小事物有着敏锐的洞察力，艺术家、作家大多属于高敏感人群。

回音壁：

高度敏感的人，有着极强的感知能力，做事往往会更加稳妥。很多杰出的文学家、艺术家多是高敏感者。用积极的思考方式和健康的生活方式保持情绪稳定，屏蔽他人的负面评价，发挥自己超乎寻常的洞察力，正确地运用自己的特性，才能让这种能力成为今后的"长处"。

🧸💔 脆弱做法：

走错路跟我有什么关系，我以后再也不跟他们一起走了！

每次出错都赖我，我以后再也不给大家指路了。

🛡️❤️ 反脆弱做法：

确实是我的问题害大家迟到了。我对不起大家，希望你们多多包涵。

如果自己知道错了也不承认，就是错上加错了。虽然有些事情无法挽回，但还是要对朋友真诚地道歉。

🧭 行动指南：

面对错误、承认错误，是需要勇气的。犯错时，主动道歉比被动挨别人批评好得多。由于我们阅历的不足，做事考虑不周的情况并不少见，但这些都不重要，重要的是能够正视自己的弱点和错误，拿出足够的勇气去承认和改正它。

1 错误不是失败

很多人会把犯错误认为是失败的表现，但错误只是一种反馈，它告诉我们这样做不行，需要调整方法。

犯错后不要太过自责，更无须自怨自艾，从中吸取教训，才能获得进步。

2 不要为错误辩驳

与其犯了错找借口为自己辩驳，还不如第一时间承认和改正，千万不要企图自我辩护，推卸责任，执迷不悟，否则会带来更大的麻烦。

3 正确看待别人的意见和批评

如果在某件事上别人对你颇有微词，要明白对方可能只是就事论事，而不是故意与你作对或者瞧不起你。他对你的批评可以促使你进步，不要以敌视的态度对待意见与你相左的人。

4 错误是成长的必经之路

人生的旅途中，每个人都会犯错。很多经验都是在错误中积累的。如果因为害怕犯错而故步自封，就会失去很多的学习机会。没有经历，就没有切身的体会和成长。

5 害怕犯错会让我们变得焦虑和不自信

害怕犯错时，我们的情绪会变得紧张、焦虑，甚至会对自己的能力产生怀疑。这样的情绪状态会影响我们的决策和表现，并让我们变得不自信。相反，当我们不害怕犯错，就能够自信地面对挑战和困难，做出明智的决策。

回音壁：

每个人都会犯错误，"人非生而知之者"，犯错是人之常情，只要树立积极乐观的心态，不怕犯错，勇于承认自己的错误，善于从错误中总结经验，就能在错误中成长。

吵架了要积极找机会和好

我的油画颜料你借了快一周了，什么时候还我啊？

哎呀，我忘了。你不着急吧？别这么小气，等我回头拿给你哈。

那得啥时候啊？我明天上课就要用了，你怎么老这样啊？！

🧸💔 脆弱做法：

丽丽这人真不行！借别人东西不还态度这么差，早知道不借给她了。

上次丽丽忘带颜料，就是我借给她的，再之前也是我给她救的急。丽丽每次借我的油画颜料都不还，我怎么这么倒霉遇到这样的朋友，真是好心没好报。

🛡️❤️ 反脆弱做法：

丽丽就是个马大哈，说话不过脑子。算了，她也不是故意的。

有一次我感冒了，丽丽二话不说就把厚外套脱下来给我穿，自己却冻得直打哆嗦。这次虽然是她不对，但丽丽平时大大咧咧，她也是有口无心吧。不能因为这点事儿就和朋友反目，不值得。

🧭 行动指南：

朋友之间的争执在所难免，当发生争执时，我们会感到难过和痛苦。沉默和回避又可能会导致问题的积累，最终爆发出更大的冲突。只要我们用心去处理，就能找到解决问题的方法。

1 冷静下来自我反思

人处在情绪中时，很难进行理性的对话。需要给自己和对方一些时间冷静下来，这有助于理性地处理问题。彼此反思自己在争吵中的行为和言辞，反思自己的错误，并考虑在以后的相处中如何避免类似的情况。

2 寻找适合的沟通方式

如果觉得当面说不好意思，可以先通过写信或者发消息的方式，这样可以更清晰地表达自己的想法，也能更好地控制情绪。彼此也有更多的时间思考和组织语言，避免当场尴尬或紧张。

3 不在小事上斤斤计较

用开放包容的态度倾听对方的想法和感受，同时也要学会表达自己的需求和诉求。只要不是大是大非原则性的问题，就不要斤斤计较，应该宽容他人的缺点与错误，包容他人的个性差异。

4 主动沟通及时认错

　　如果你在争吵中说了或做了伤害对方的事情，真诚的道歉是非常重要的。承认错误也是在表达自己对友谊的珍视，我们要拿出希望和好的态度。

5 尽量求同存异

　　每个人有自己的坚持和看法，但有时候需要做出一些让步，试着找到一个双方都能接受的解决方案，友谊比一时的逞强更重要。在彼此尊重中互相欣赏，在求同存异中共同进步。

回音壁：

　　好朋友之间的争吵并不是一件可怕的事情，可以通过我们的努力来和解。珍惜与好朋友之间的友谊，用理智和宽容的态度去面对和解决出现的争吵和冲突。只有这样，我们才能真正享受到友谊带来的快乐和温暖。